地球不能没有长臂猿

林育真/著

山东教育出版社·济南

和在地面活动的动物不同，我们靠着有力的双臂，终日穿梭在林木间。

攀缘摆荡出场来

我们号称森林中的“体操健将”，单凭“长臂猿”这个名字，就能猜出我们是“胳膊特别长的猿类”。不错，我们的手臂（前肢）明显比腿脚（后肢）长，手掌也比脚掌长。

猿类和猴类，有啥不一样

猿类和猴类合称“猿猴类”，这是通俗叫法，学名叫“灵长类”。从名字就能看出，猿猴类比其他动物更有灵性。我们长臂猿属于灵长类动物，但要记住，我们可不是猴子哦。凡是猴类都有尾巴，而猿类都没有尾巴，这个区别够明显吧。

别看我个头小，我可是大名鼎鼎的国宝金丝猴宝宝。

我们是长臂猿，和人类一样没有尾巴，但我们的胳膊很长！

灵长类

指具有灵性的最高等的哺乳动物。它们的共同特点是：大脑发达，眼眶朝前，拇指灵活。全世界约有 500 多种灵长类动物，如狐猴、眼镜猴、猕猴、狒狒、金丝猴等猴类，以及长臂猿、猩猩等猿类。人类也属于灵长类。

我是长尾猴，尾巴长得惊人哦。

我是狐猴，虽然我的脸看起来像狐，但我真的是猴子，你看我的长尾巴多美！

我是眼镜猴，眼睛又大又圆，夜里捕食就靠它。

我们狒狒也属于猴类，不过和那些喜欢爬树的猴子不同，我们喜欢聚集成群在地面活动。

本页展示的动物都属于猴类哦！

我们与智力水平更高的猩猩、大猩猩和黑猩猩同属于“类人猿”。

类人猿

指以下四类高等猿类：体形较大的猩猩、大猩猩和黑猩猩，以及体形较小的长臂猿。类人猿比其他灵长类动物大脑更发达，智力更高，是最接近人类的高等灵长类动物。

了解长臂猿与其他类人猿的主要区别。

猩猩身上的毛又多又密，呈红褐色，又被称作红毛猩猩。

黑猩猩体毛呈黑色，耳朵很大，是动物界的高智力冠军，表情也最丰富。

大猩猩高大魁梧，身高可达1.8米，体重超过200千克，是名副其实的大力士。

我们的家乡在亚洲

我们长臂猿家族共有 17 种，都分布在东亚、南亚和东南亚地区，生活在热带雨林及亚热带常绿阔叶林。在中国境内，生活着黑冠长臂猿、白掌长臂猿、白颊长臂猿和白眉长臂猿等 6 种，主要分布于云南省和海南省，生活在有常绿阔叶林的山区。

世界长臂猿分布图

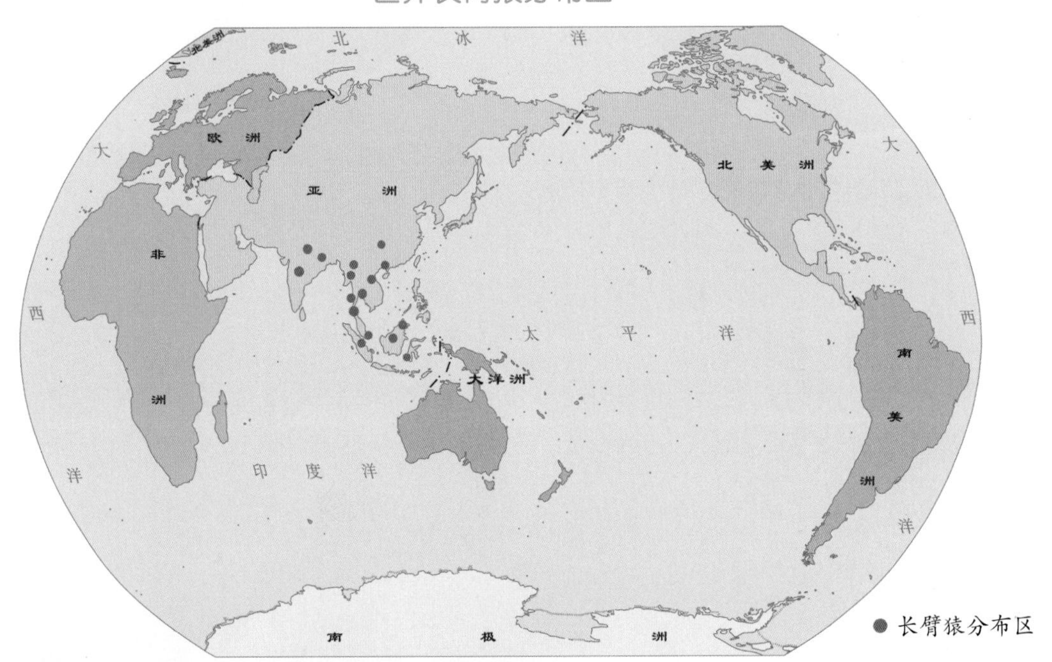

黑冠长臂猿

白颊长臂猿

白掌长臂猿

白眉长臂猿

2002 年，我国发行了一组以长臂猿为主题的邮票。现在这四类长臂猿均属濒危物种，都被我国列为国家一级保护动物。

中国原本是长臂猿种类丰富的国家。唐朝诗仙李白有名句："两岸猿声啼不住，轻舟已过万重山。"诗句中的"猿声"指的就是长臂猿的叫声，这说明在一千多年前，长臂猿曾遍布我国长江以南。

这幅《戏猿图》由明宣宗朱瞻基所绘，现藏于中国台北故宫博物院。画中溪水石块间有大小三只猿在嬉戏，生动地展现了当年三峡地区长臂猿的自然生态。

我们家族中的不同物种，在体形、面貌及毛色等方面存在明显差别，人们通过观察外貌特征就能分辨出我们属于哪种长臂猿。

图中是一对亲密的黑冠长臂猿，雌雄二者的毛色不同，这种现象叫作“雌雄两态”。雄猿全身长着黑毛，头顶有簇直立的冠毛；雌猿毛色以棕黄色为主，头顶有一块黑色冠斑。

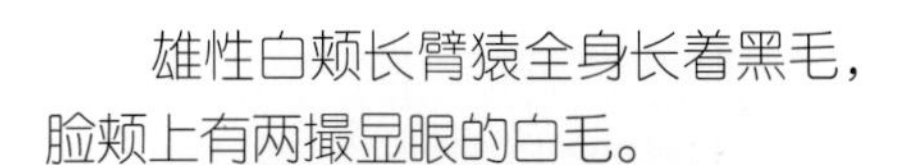

雄性白颊长臂猿全身长着黑毛，脸颊上有两撮显眼的白毛。

雌雄两态

指同种动物的雌性与雄性个体在外形上存在明显的差异，如长臂猿、狮子和孔雀等。

雄性白眉长臂猿全身呈暗褐色，眉毛是显眼的白色。

白掌长臂猿的手掌和足掌呈白色，就像分别穿戴着白手套和白袜子。它的面部有一圈白毛。

亲爱的，让我为你展开尾屏跳支舞！

孔雀是“雌雄两态”的鸟类。

长长的胳膊让我们玩转森林

超级长的双臂是我们最显著的特征。我们家族成员体形都小，站立时的高度不超过 90 厘米；体重随种类或性别有些差异，但都在 6-13 千克的范围内。你瞧，我们是轻盈灵巧的树栖猿类。

这只一岁左右的幼长臂猿，走路时担心长胳膊碰到地面，干脆把双手举到了头顶。

野生长臂猿觅食、睡觉、休息等日常活动几乎都在树上进行。它们偶尔下地行走时，显得有些笨拙，两条长臂不知该怎样安放才好。

我们两臂伸展开的长度是身高的两倍，大拇指和其余四指能对握，可以像钳子般牢牢地握住树枝。攀树时我们手脚并用，大脚趾和其余四趾也能分开夹牢树枝，行动又快又稳。

臂长腿短，手掌比脚掌长，手指修长，肩部宽而臀部窄，这样的体形使我们成为森林中来去自由的精灵。

我们像风一样自由，
就是人猿泰山来了
也追不上我们！

树木种类丰富、层次多样的热带雨林或亚热带常绿阔叶林中，高大的乔木连绵不断，树冠层层叠叠、遮天蔽日，是我们最理想的粮仓、游乐场和庇护所。我们一生都在绿树林海中度过。

上图是东南亚一处热带雨林植被茂密的景象。

由于身体轻盈，我们能够生活在森林的顶部林冠层。在那儿我们来去自如，即使在很细的树枝上也能稳稳当当地停歇。

一只长臂猿舒服地坐在林冠层的细树枝上，它在这里很安全，凶猛的花豹虽能上树，但到不了高处的枝条上。

当我们在林间穿梭时，会施展独门绝技：用一只手的手指勾住树枝后大幅度摆动身体，接着松手腾空飞跃，然后再用另一只手抓住前方的枝干。

这种用双臂交替摆荡前进的独特“臂行法”，让我们看起来仿佛在林间飞翔。我们也确实能快如闪电地凌空飞跃，有时甚至能腾出一只手捕捉飞鸟。

两树之间如果相距3—5米，长臂猿能轻而易举地一跃而过。如果长臂猿大力地腾空飞跃，能一下跃进十几米。

怀有身孕的母长臂猿，照样可以灵巧地攀爬活动，“臂行”无阻。

即便是最灵巧的猴子也要四肢并用，才能在藤蔓上前进，而我们只需用两只脚的脚趾夹牢藤蔓，抬起双臂辅助平衡，便能迅速在藤蔓上行进。我们是天生的“高空钢丝杂技演员”。

我们走在林中的藤蔓上如履平地。

我们喜欢采食树林中的多种果实、嫩叶、树芽和花苞，尤其爱吃无花果和榕树果实。我们有时也会捕食昆虫、蜘蛛，或捡拾鸟蛋换换口味。

我用这种高难度姿势吃东西照样很香甜。

我们的喉部有音囊，善于鸣叫，而且鸣声有曲调，仿佛在唱歌。有的种类的长臂猿音囊很大，鸣声尤其响亮。我们通过鸣唱和呼叫，彼此之间进行远距离联络和沟通。

合趾长臂猿高歌时，光滑的音囊胀得圆鼓鼓的，能使鸣唱声变得极其响亮。

啊，太阳！我的太阳，那就是你！

每种长臂猿的鸣唱声都是独有的，同种之间才能识别和沟通。对生活在密林中的动物来说，声通信很有用。处在繁殖期的长臂猿歌声最响亮，它们靠鸣声传情达意，并结为伴侣。

长臂猿每天清晨开始高声鸣唱，先由一只猿领头开唱，这算是“独唱”。接着，几对雌、雄猿开始各自的“二重唱”。随后，四周群猿一起参与大合唱。

在所有类人猿中，只有我们长臂猿睡觉时不搭窝，林木就是我们的天然“床铺”。白天，我们在林冠层寻找食物、互相嬉戏或梳理毛发；夜晚，我们依然待在树上，或坐在树枝上休息，或靠在树杈上入睡。

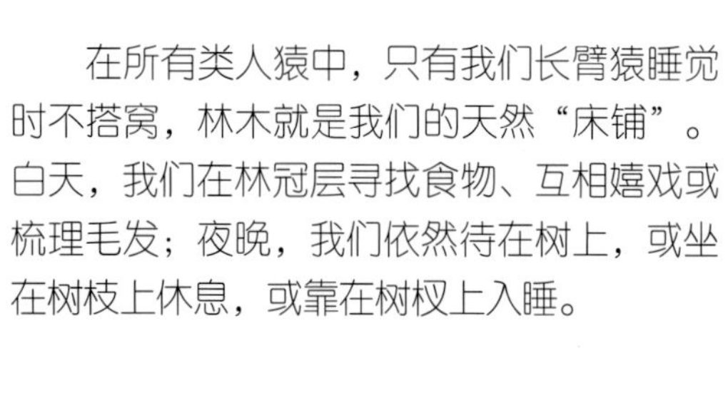

结束了一天的活动，长臂猿一家回到自己的领地，准备休息。

长臂猿族群性很强，每个家族群有3–5位成员，能在一起生活很长时间。群体的核心是一对成年的雌雄猿，其余的成员为未成年的幼猿和刚出生的幼崽。每个家族群都占有一片固定的领地。

白颊长臂猿父母一起精心呵护孩子。

在树上生育宝宝

我们的家族关系稳定，结为伴侣的雌雄长臂猿互相关心，并共同养育宝宝，是相亲相爱的一家人。我们吃、住、组建家庭、生养宝宝都在树上。

刚组建成家庭的一对雌雄白颊长臂猿拥抱在一起，满怀希望地等待小宝宝诞生。

雌性长臂猿通常每两年生育一胎宝宝，孕期约 210 天。这只怀孕的雌性长臂猿正在高声呼唤它的伴侣。

期待已久的宝宝终于出生了。新生的宝宝只有 300 克左右，和一个苹果的重量差不多。在这个小家庭里，长臂猿爸爸是首领，负责保卫领地和食物资源，长臂猿妈妈则主要负责照顾孩子。

长臂猿宝宝正依偎在妈妈怀中，美美地吃奶呢。

长臂猿妈妈去哪里都会带着自己的孩子。当长臂猿妈妈在林间摆荡“臂行”时，长臂猿宝宝会紧紧贴着妈妈的身体，牢牢地抓着妈妈不放手。

长臂猿宝宝由雌猿哺乳并精心照料，直到一两岁才能独立生活，七八岁性成熟后才能组建新的家庭继续繁衍后代。

家园被毁，危机重重

长臂猿对生存环境有严格的要求，只有原生态、植物种类多样性高的热带雨林或亚热带常绿阔叶林，才能提供给它们适宜的生活条件。由于过度开发和人为破坏，致使长臂猿生活的森林面积缩减，失去了赖以生存的家园。

野生长臂猿通常生活在15米以上的乔木林冠层或中上层，很少到5米以下的小树或灌木上活动。

森林被毁，何以为家？

长臂猿的分布区域狭小，栖息环境特殊，一旦自然生态遭到破坏，它们的个体数量必定锐减。目前，在中国长臂猿已成为比大熊猫更稀有的最濒危物种。因此只有保护好结构完整的原始森林，才能使长臂猿继续繁衍生息。

类人猿是人类的近亲，长臂猿是小巧灵动的类人猿，它们使森林充满生机，使动物世界更加丰富多彩。保护长臂猿是人类的责任！

亲爱的小朋友们，我是科普奶奶林育真，如果你们有关于动物生态的问题，找我就对了！

很高兴认识你们！这套《地球不能没有动物》系列科普书是我专门为小朋友创作的“科”字当头的动物科普书，尽力融科学性、知识性和趣味性为一体。

全方位展现野生动物世界。

读完这本书，希望你至少记住以下科学知识点：

1. 学会区分猴类和猿类，理解灵长类和类人猿的概念。

2. 长臂猿是原始且体形最轻巧的类人猿，智力比猩猩等大型类人猿低，但比猴类高。

3. 长臂猿一生都生活在天然热带雨林或常绿阔叶林的树顶林冠层，是绿树林海中的“自由精灵”，它们独特的“臂行法”堪比飞鸟。

4. 人类对森林的过度开发使长臂猿失去家园。如今所有种类的长臂猿全部被列入《世界自然保护联盟》濒危物种红色名录，我国的长臂猿均被列为国家一级重点保护野生动物。

《世界自然保护联盟》把每年 10 月 24 日设为长臂猿纪念日。为了保护长臂猿，我们应该做到：

1. 认识长臂猿，了解长臂猿，懂得保护长臂猿就是保护自然生态，就是保护绿色家园。

2. 主动向家人、同学和朋友宣传讲解保护长臂猿的重要意义，吸引更多人关注长臂猿的保护事业。

3. 积极参加保护长臂猿的相关公益活动。

4. 到动物园、自然保护区或国家公园观赏长臂猿要遵守规则，尊重动物，不可捉弄、惊吓动物，不乱投喂食物。

图书在版编目（CIP）数据

地球不能没有长臂猿 / 林育真著．—济南：山东教育出版社，2022
（地球不能没有动物．生生不息）
ISBN 978-7-5701-2212-7

Ⅰ．①地…　Ⅱ．①林…　Ⅲ．①长臂猿－少儿读物
Ⅳ．① Q959.848-49

中国版本图书馆 CIP 数据核字（2022）第 124859 号

责任编辑：周易之　顾思嘉　李　国
责任校对：任军芳　刘　园
装帧设计：儿童洁　东道书艺图文设计部
内文插图：李　勇

地球不能没有长臂猿
DIQIU BU NENG MEIYOU CHANGBIYUAN
林育真　著